从小看世界
这就是伦敦

［英］戴维·朗 著　　［英］乔茜·谢诺伊 绘　　华春沁 译

中信出版集团｜北京

目录

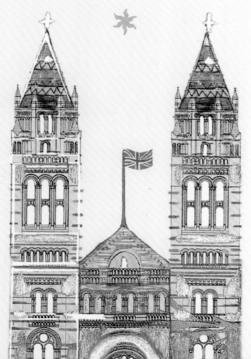

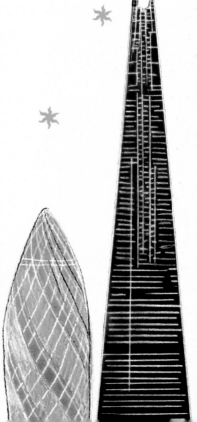

写在前面的话

在很多很多年以前，伦敦还只是泰晤士河北岸一处罗马商人贸易往来的集散地。它有着悠久绵长的历史，并为后人留下了数不清的建筑遗产，其多元性更是堪称世界之最。

正如许多伟大的城市一样，伦敦从未停下过发展的脚步，而它那些摩天大楼的高度纪录似乎一直都在刷新着。日复一日，年复一年，岁月在它的一砖一瓦、一草一木上都刻下了深深的印记。随着城市发展日新月异和人口不断增加，伦敦的建筑师和建筑工人们始终忙碌着。

尽管经历过无数次战争与大火，但依然有许多著名的建筑幸存下来，屹立数个世纪。而那些不那么幸运的建筑大多被重建或改造了，因为修补的次数过多，有些建筑呈现出了多种艺术风格。所以，在今天看来，伦敦的建筑有的一如往初，有的则呈现出了另一种风貌。

我们从英国国家档案馆获得了这些建筑的原始设计图稿，并在此基础上通过色彩缤纷的艺术加工，让那些古老的建筑焕发着新的光彩呈现在读者面前。这本书在带我们回望伦敦最初魅力的同时，也为我们打开了一扇认识这座城市的窗户。当读到书中一座座建筑的变迁时，我们还会了解到曾经生活于其中的人物，以及这些建筑在历史长河中所扮演的角色。这本书不仅是向那些缔造了伦敦建筑的天才们致敬和表达感谢，也是了解伦敦如何成为今天这座了不起的城市的最佳方式。

现在，就让我们翻开这本书，跟随它走进历史和现实，发现惊喜吧！

大本钟

威斯敏斯特官共有三座巨大的塔楼。其中最高的一座方形塔是维多利亚塔，高达 98.5 米。最有名的一座当数伊丽莎白塔，俗称大本钟。它因安置在塔楼内的铜钟而得名。

伊丽莎白塔比维多利亚塔矮约两米，但由于身形修长，所以它看起来反而要高一些。威斯敏斯特官报时钟大本钟就安装这座塔楼上，它共有四个钟面，是世界上知名度最高的报时钟。大本钟实在是太大了，光机械装置就有 5 吨之重，而主钟更是重达 13.7 吨！第一次安装时，工人们花费了 18 个小时才把它吊到塔楼的 60 米高处。

大本钟的设计者是一位名叫埃德蒙·贝克特·丹尼森的律师，他生活在维多利亚时期，痴迷钟表学（一门专门研究钟、表，以及计时器学问的学科）。虽然只是一名业余爱好者，但他在 1851 年设计出了一套无比精准的时钟机制。

八年后，大本钟顺利竣工，人们发现它竟然精确到每天的误差不超过一秒。直到今天，伦敦人仍然习惯靠大本钟的报时来校准自己的手表时间！

2012年7月，为欢迎来伦敦参加第30届夏季奥运会的世界各国运动员，大本钟在三分钟内持续敲响了40多次。

1949年的某一天，人们发现大本钟比平时慢了几分钟。后来才发现竟然是一群八哥停在了其中一根分针上休息！

每晚六点整和午夜十二点，英国广播公司第四电台都会现场直播大本钟的报时音。有趣的是，由于声音的传播速度相对较慢，所以，站在塔底听收音机的人反而会先听到来自广播里的钟声，之后才听到大本钟本身的报时音。

在一战和二战时，大本钟的四个钟面是不亮光的。这是因为人们担心亮光会给敌军指路，引发他们对伦敦市中心的轰炸。

罗丝·李号

海军拱门

海军拱门是从特拉法加广场进入摩尔大街,再一路通往白金汉宫的正式入口。它像一道屏障,阻隔了特拉法加广场上的喧嚣,并保障了白金汉宫周边的安宁与秩序。曲线典雅优美的海军拱门,是阿斯顿·韦伯爵士改造白金汉宫这一宏伟蓝图的一部分,如今白金汉宫早已作为举世闻名的地标建筑为我们所熟知。

海军拱门建造于英国的鼎盛时期,是爱德华七世国王为纪念母亲维多利亚女王而筑。当时,英国及其殖民地的面积和人口约占全世界的四分之一。韦伯将摩尔大街设计为举行大型盛典时皇家卫队行进的起点,从这里开始,卫队会一路从白金汉宫行进至圣保罗大教堂,贯穿整个伦敦。

左右两侧的圆形拱门平时会开放,供行人和车辆通行。正中的拱门平时禁止通行,只有在重要庆典时才会开放使用。

8

顾名思义，海军拱门最初归皇家海军所有。如今，这座建筑的圆形拱门以上的部分被改建成了一家豪华酒店，住在酒店的客人们能够亲眼看到国家盛典甚至皇家婚礼这样的盛大场面。

在历史上很长一段时间里，英国皇家海军的首领（第一海务大臣）都以海军拱门作为办公地点和居所。许多国家政要都曾在这里住过，包括英国前首相温斯顿·丘吉尔，以及海军上将特伦斯·卢因爵士等。

海军拱门上用拉丁文写着：国王爱德华七世在位十年之际，1910年心怀感恩的臣民谨以此献予维多利亚女王。

海军拱门的一根柱子上有一个用石头雕刻的鼻子，传说那是拿破仑（也有说是惠灵顿公爵）的鼻子。士兵经过时会摸一摸它，认为这样能带来好运。但事实上，这个石头鼻子是1997年才被安上去的，它不过是一名艺术家搞的恶作剧罢了！

9

国宴厅

1512 年，国王亨利八世搬出威斯敏斯特官，住进了白厅官。白厅官共有 1500 间房，是当时欧洲最大的官殿，堪比一座小镇！1547 年，亨利八世在这里与世长辞。此后，他的继位者对这座官殿进行了持续的扩建和改造。然而，到了 1688 年，将要即位的威廉三世和玛丽二世离开白厅官，选择了更为小巧精致的肯辛顿官。之后十年里，白厅官历经了多次大火，损失惨重。今天我们看到的

国宴厅是白厅官现存的最大遗迹。国宴厅由伊尼戈·琼斯于 1619—1622 年为詹姆士一世所建，是整座旧官殿中最新潮的地方，同时也是伦敦杰出的建筑史上最具影响力的建筑之一。

这座国宴厅是之前的国宴厅被大火烧毁后重建的。据说，火灾的起因是新年派对后，负责清理工作的人员在官中焚烧垃圾。

伊尼戈·琼斯

琼斯一生曾多次造访意大利，在那里寻找与建筑有关的灵感。他可能是历史上第一个游览并绘制过古罗马遗迹的英国人。同时，琼斯还是意大利建筑师安德烈亚·帕拉第奥的追随者，帕拉第奥开创了帕拉第奥式的全新建筑风格。后来，琼斯将这种新风格带到英国，并在古罗马和古希腊建筑风格的启发下，设计出了简洁优雅的新国宴厅。于是，新古典主义风格很快在整个英国扩展开来，迅速取代了阴沉、老旧的哥特式和都铎式建筑风格。

这座建筑之所以出名，或许因为这里曾是国王查理一世被处决的地方。1649年，查理一世从国宴厅一楼走出来，被押上了广场中央的断头台，就此结束了自己的一生。

詹姆士一世

11

大英博物馆

大英博物馆创设于18世纪，是由蒙塔古公爵位于布卢姆斯伯里的府邸改建而成的。

大英博物馆于1759年正式对外开放，那时候每天只开放三个小时，一次只接待十个人，参观者还必须提前写信预约。博物馆内还设有皇家图书馆，其中收藏了从亨利八世到查理二世期间的一万多本藏书、数不清的艺术品、动植物标本，以及许多科学家的手稿，绝大多数来自富豪收藏家的捐赠或由政府购买。现在，馆内藏品超过800万件，但受空间限制，只展出了百分之一。由于日光会对一些藏品造成损害，所以许多珍贵的藏品可能永远不会被展示出来。

1900年，大英博物馆有了自己的地铁站，但在20世纪30年代地铁站被关了，整栋大楼及其地下通道也被军队所接管。

1879年，大英博物馆成为伦敦第一座使用电力照明的公共建筑。

到了 1823 年，当时已有的展厅已经容纳不下更多的展品。于是，大英博物馆请来罗伯特·斯默克爵士为他们设计了新展馆。新展馆是按希腊复兴式的建筑风格设计的，当游客从一排巨大的圆形石柱组成的长廊经过时，就仿佛置身于古希腊神庙之中。在柱廊的背后，斯默克设计了一个大中庭，正中央是一个环形的圆顶阅览室。这

个阅览室由他的弟弟悉尼设计，里面摆放了大量的铸铁书架，书架总长度加起来超过 40 千米。然而，随着藏书的逐年增加，这些书籍最终都被转移到了新建成的大英图书馆。

博物馆里最有名的展品之一是一块 2200 多年前的罗塞达石碑。这块石碑是一名法国军人在埃及发现的，拿破仑战败后，它被英国缴获。罗塞达碑对破译古埃及的象形文字起到了非常重要的作用。

唐宁街10号

　　这扇举世闻名的黑色木门属于一栋被称为"唐宁街10号"的房子,自1735年以来它便一直是英国历届首相的官邸。小威廉·皮特、温斯顿·丘吉尔爵士、玛格丽特·撒切尔,以及托尼·布莱尔,都曾在此居住。实际上,唐宁街10号的大多数房间都用于办公或招待重要宾客,首相一家其实只住在楼顶一套狭小的公寓内。因此,英国曾经有几任首相更喜欢住在自己的房子里。20世纪60年代,当时的英国首相哈罗德·威尔逊就常常在记者离开后,悄悄从唐宁街10号的后门溜回自己的家。

　　出于安全考虑,唐宁街10号一般不对外开放,只有在首相发表重要讲话时,才会允许媒体记者进入拍摄采访。大多数时间里,整条唐宁街都是对公众封闭的,街口装有黑色铁栅门,并由全副武装的警察驻守。

　　唐宁街10号和隔壁的两栋建筑是相通的,三栋建筑共享后院的私人花园。唐宁街11号是财政大臣的官邸,这栋建筑里不仅配有一套供财政大臣一家居住的公寓,还有一条私人走廊,把10号和12号房子的办公室连接起来。

罗伯特·沃波尔爵士

小威廉·皮特

威廉·格莱斯顿

温斯顿·丘吉尔

玛格丽特·撒切尔

托尼·布莱尔

14

唐宁街 10 号，最初是国王乔治二世赐给第一任英国首相罗伯特·沃波尔爵士的礼物，但沃波尔不愿以个人名义接受，他建议将这栋建筑作为未来所有继任者的官邸。

考古学家们发现唐宁街一带有日耳曼人、盎格鲁 - 撒克逊人以及诺曼人定居点的证据，这表明该区域早在 1000 多年前就已经是重要的政府中枢。

二战期间，唐宁街 10号曾被炸弹袭击，其中数枚炸弹就落在附近，这栋楼房遭到破坏。1991 年，唐宁街 10 号遭恐怖袭击，幸运的是无人伤亡。

15

汉普顿宫

在被改建成当时英国最宏伟的宫殿之前，汉普顿宫只不过是一处中世纪风格的简朴庄园。它最早归国王亨利八世的首席顾问托马斯·沃尔西所有。1529年，两人发生了一次争吵，之后，亨利八世便将它占为己有。然而，已经拥有了60多座宫殿的亨利八世并不知足。热衷于建造的他，把沃尔西的府邸改造得更大了。

亨利八世死后，汉普顿宫被继续扩建。17世纪后期，国王威廉三世找来克里斯托弗·雷恩爵士，要求他为自己建造一座能够与法国国王路易十四的凡尔赛宫相媲美的宫殿。于是，雷恩全身心地投入到这一项目中。当时，汉普顿宫的都铎式建筑风格早已过时，于是雷恩摧毁了许多宫殿。好在亨利八世时期盖的大厅和好几处庭院被保留了下来。

查理一世是汉普顿宫的常客，但在内战中战败后，他于1647年被囚禁在这座宫殿。尽管他设法逃走了，但后来又被抓了回去，并在两年后被处死。

查理一世

16

1694 年，威廉三世的妻子玛丽二世去世，宫殿的改建工作一度停滞。当时，这座宫殿还无法住人，在停顿多年后，改建工作才重新启动。到 1702 年威廉三世离世时，汉普顿宫已经改建得和我们今天所看到的样子相差无几了。

汉普顿宫既有都铎式风格，也有典雅的巴洛克式风格，所以有时人们会把它描述为具有双重建筑风格的宫殿。可以说，在这栋建筑中，浓缩了大半部英国建筑史。

威廉·莎士比亚

詹姆士一世

詹姆士一世非常喜欢在汉普顿宫周边的公园狩猎，还把这座宫殿当作游玩、聚会和宴请招待的场所。威廉·莎士比亚就曾受到国王的邀请来此地表演。那时，皇室贵族就是他的观众。

托马斯·沃尔西

皇家网球场

亨利八世是位狂热的网球爱好者。直到今天，人们仍会在汉普顿宫的室内网球场打上一局当年的那种老式网球赛。

亨利八世

17

皇家骑兵营

这座兴建于 18 世纪、俯瞰着整个阅兵场的建筑就是皇家骑兵营,它由知名建筑师威廉·肯特设计。肯特曾经设计并建造过英国许多杰出的乡村别墅和园林景观。皇家骑兵营通体采用帕拉第奥式新古典主义的意大利建筑风格。如果你从圣詹姆士公园附近湖上的小桥望去(还能看到伦敦眼),会发现皇家骑兵营正好位于美丽如画的风景的正中央。

骑兵营作为英国皇家近卫骑兵的总部长达一个世纪。皇家近卫骑兵由英国陆军中两个高级别军团组成,他们的主要职责是保护皇室的安全。他们通常会在伦敦和温莎城堡举办重大庆典活动时亮相。而当国家陷入战争时,他们也会一马当先为国出征,承担起保家护国的重要使命。

皇家骑兵营所在的建筑原先是一片被叫作骑士竞技场的地方。亨利八世在位时就经常在此处观看竞技活动,甚至亲自参加比武。

位于骑兵营正中央的拱门是进入圣詹姆士宫的标志性入口。但普通民众只允许步行出入，只有在位的君主或极少数持有王官颁发的特别通行证的人，才可以开车通行。

公众可以参观皇家骑兵营的部分区域，其中包括记录了英国陆军兵团宏伟历史的博物馆，以及骑兵卫队的马厩。

拱门之上时钟的2点位置上方，涂了黑色颜料。它所代表的是国王查理一世在国宴厅前的广场中央的断头台被处死时的精确时间：1649年1月30日下午2点。

每天10点到16点之间，都会有两名骑兵穿着闪亮的盔甲，骑在精心打理过的黑色马匹上，守卫着中央拱门。他们通常每隔一小时轮班一次；如果天气太冷，就30分钟换一次班。

议会大厦

现在所看到的议会大厦，也就是威斯敏斯特宫，是在 1834 年的一场火灾后重建的。大火烧毁了老威斯敏斯特宫大半原有建筑。这座庞大的宫殿可以追溯到 11 世纪，当时的国王是"忏悔者"爱德华。威斯敏斯特厅是这座宫殿幸存下来的早期建筑之一。

新大楼的设计师是查尔斯·巴里，他的设计稿从将近 100 份参赛稿中脱颖而出，其新哥特式建筑风格为整个建筑增添了几分中世纪风貌，这样的设计在当时是超前的。

尽管巴里是这个大项目的主设计师，但他把豪华的室内装潢工作交给了同事奥古斯塔斯·普金来完成。普金亲手设计了软装中的每一个细节，包括门锁、壁纸，甚至墨水瓶。

目前，下议院厅非常小，只能容纳 427 名国会议员，可所有议员加起来多达 650 人！

奥古斯塔斯·普金

查尔斯·巴里爵士

导盲犬是唯一被允许带入议会大厦的动物，但由于鼠患成灾，所以你还可能在里面看见老鼠。

20

整个项目前后耗费了约 25 年时间。由于操劳过度，普金在监理儿子完成建筑的最后阶段后，最终精神崩溃，死于医院。而巴里也在三座高塔即将竣工的时候与世长辞。

今天，议会大厦最出名的是它的两个议会厅——下议院厅（国会议员就在这里开会）和上议院厅。与拥有 1100 多个独立房间、100 座楼梯和超过 4828 米长的走廊的整个议会大厦相比，议会厅只是其中很小的一部分。

为了与下议院厅和上议院厅内皮质长椅的颜色相搭配，人们将议会大厦附近的两座桥——威斯敏斯特桥和兰贝斯桥，分别刷成了绿色和红色。

历史上，国会议员是不允许携带武器进入议会厅的，所以大楼里至今仍有用来悬挂佩剑的特殊挂钩。

英国战争博物馆

英国战争博物馆于 1920 年正式开馆，当时主要为了纪念英国在一战期间的英勇事迹和民众在战争中所做出的牺牲。博物馆早年间建在伦敦东南部的锡德纳姆山，20 世纪 30 年代迁到了更靠近市中心的地方。博物馆现在的所在地是贝特莱姆皇家医院的旧址。

这栋医院大楼本身是乔治亚时期的建筑，由詹姆斯·路易斯采用新古典主义风格设计建造，并于 1815 年落成。自 19 世纪 30 年代以来，大英博物馆的建筑师罗伯特·斯默克对其进行了改造和扩建。

二战期间，英国战争博物馆曾是敌军轰炸的目标之一。1941 年 1 月，一枚炸弹炸毁了正在展出的一架飞机。

当时，为了容纳更多病人，斯默克在楼顶加盖了一个巨大的圆形屋顶（底下建有一个小教堂），还在东西两侧建了翼楼。现在的圆形屋顶下面是一个阅览室，常常有知名作家和电影制作人来这儿，为创作新作品查阅资料，寻找灵感。

尽管建筑本身已十分古老，但它的室内却充满了现代气息。巨大的中央大厅内陈列着吉普车、坦克、飞机，甚至还有火箭。随着时代的变迁，英国战争博物馆的使命也发生了变化。今天，它主要用于缅怀在 20 世纪历次战争中做出过贡献的英联邦军队。

英国战争博物馆陈列有世界上数量最多的维多利亚十字勋章，这是英国最高等级的军事勋章，用于表彰战争中英勇作战的人。

博物馆的藏品中还包括停泊在泰晤士河上的英国皇家贝尔法斯特号巡洋舰。

珍宝塔

珍宝塔建于1365年前后,一条河环绕着它,以保障塔内奇珍异宝的安全。这里的藏品包括皇室珠宝、国王爱德华三世的典礼服饰、价值连城的动物皮毛以及各类金银器皿等。

这座三层的小塔楼是亨利·德伊夫利的杰作。他是一位了不起的石匠,曾参与建造了威斯敏斯特教堂、伦敦塔以及许多重要的皇家陵墓。珍宝塔是用肯特石灰岩筑就的,1000多年前,日耳曼人在建造环绕伦敦城的高高的防护墙时,也选用了同样的石料。

从外面看,珍宝塔就像是一座微型城堡,但里头却有许多精美的石刻雕像。不过,大约到1600年,珍宝塔被国会执行秘书处接管,用来存放上议院的重要文档。现在,它已经变成了一家小型博物馆,对外展示历代文物,其中就包括一把铁器时代的剑。

珍宝塔的每一层只有两个房间,楼层之间通过旋转楼梯连接。

塔楼的建筑材料是用驳船从泰晤士河运送过来的。当时,为了运输这批来自肯特郡的石料、萨里郡的木材,以及佛兰德斯地区的红色地砖,足足动用了98艘船。

过去,珍宝塔里的物品都归英国国王所有。偶尔会有一些珍宝被取出来作为礼物赠送给来访的外国元首,或是在国王打仗时被卖掉,用来筹措战争所需的经费。

塔楼二层住有看守人员;而国王的奇珍异宝都被存放在相对安全的第三层。

国王爱德华三世

棕榈室

始建于 18 世纪的英国皇家植物园邱园，可谓伦敦最富有异域风情的园林之一，19 世纪建造的棕榈室便坐落于其中。园艺学家们可以在这里研究植物的生长过程，以丰富人们对植物的认知。

整个邱园收集了来自世界各地的 5 万多种植物，并藏有约 700 万份植物标本用于科学研究。在这个维多利亚式风格的棕榈室里，你可以见到许多巨大的、令人印象深刻的植物。

建筑师理查德·特纳曾学习过造船，从中掌握了许多建造工艺和本领。这也是为什么棕榈室的外观看上去有点儿像一艘倒扣在地上的旧式大船。

理查德·特纳

德西默斯·伯顿和理查德·特纳是这座巨型建筑物的设计师，特纳的专长是使用锻铁。19世纪40年代，伯顿和特纳用拱形金属材料为棕榈室搭建出了一个高高的框架，里面错综复杂地交织着电缆和管道，整个棕榈室镶嵌有大约1.6万块方格玻璃。

正如其名字的含意一样，棕榈室是邱园里热带棕榈科植物温暖的家。它高达18米，当游客站在高处的走廊向下望时，会感到整个人像飞了起来，仿若置身于一片生机勃勃的热带雨林之中。

棕榈室外矗立着10尊神秘的动物雕像，它们其实是威斯敏斯特修道院外"女王神兽"雕像的复制品。原是为庆贺1953年女王伊丽莎白二世的加冕大典而制作的。

德西默斯·伯顿

27

国家美术馆

伦敦国家美术馆是英国规模最大、访问人数最多的美术馆，常年展出的绘画作品约 1000 件，这里头最古老的画作可以追溯到 700 多年前。

兴办国家美术馆的想法最早产生于 19 世纪 20 年代。当时，政府从一位名叫约翰·朱利叶斯·安格斯坦的私人收藏家手里买来 38 幅名画。这批画作最初在位于帕尔摩街的安格斯坦家中展出，直到特拉法加广场的美术馆新大楼落成后，它们才被移入馆内。

美术馆的第一任建筑师是威廉·威尔金斯，他还设计建造了布卢姆斯伯里区的伦敦大学学院。但是，当时的国王威廉四世并不喜欢竣工的大楼，还评价它为"招人烦的小洞"。不久，人们就对这栋楼进行了改造，并且随着收藏的画作不断增加而多次扩建。

一次次的扩建意味着有许多不同时期的著名建筑师曾参与国家美术馆的设计工作，其中包括设计过白金汉宫舞厅的詹姆斯·彭尼索恩和议会大厦的设计师查尔

约翰·朱利叶斯·安格斯坦

二战期间，为免遭敌军空袭，国家美术馆将许多珍贵的画作秘密转移到了威尔士的一处废弃矿井中藏了起来。

米开朗琪罗

克劳德·莫奈

斯·巴里之子爱德华·巴里。最新一次扩建请来的是美国建筑师罗伯特·文丘里。

如今，历经了多次扩建后的国家美术馆，已经占据了特拉法加广场的一侧，要想全部逛完得花上好几个钟头！尽管如此，对于里面丰富的藏品来说，美术馆还是太小了，其中大约有1500件作品只能存放起来，而不能被展出。

罗伯特·文丘里

詹姆斯·彭尼索恩

爱德华·巴里

国家美术馆内的绝大多数藏品都是外国知名画家的作品。自1897年起，英国画家的作品被放在泰特不列颠美术馆展出。

1914年，为了抗议政府拒绝给予女性选举权的政策，西班牙画家迭戈·委拉斯开兹的杰作《镜前的维纳斯》遭到了女权主义者的破坏。

迭戈·委拉斯开兹

妇女选举权

文森特·凡·高

莱昂纳多·达·芬奇

29

自然历史博物馆

自然历史博物馆最初是大英博物馆的一部分，1881年独立出来搬到南肯辛顿区。这座新大楼的建筑师是艾尔弗雷德·沃特豪斯，他曾设计了许多重要的维多利亚式建筑（包括圣潘克拉斯国际火车站和19世纪英国最大的乡村庄园）。

沃特豪斯采用了罗马风格来设计这座新博物馆，其灵感来自11—12世纪的建筑，但所用的却是最新的建筑材料和工艺。除规模宏大外，博物馆最引人注意的还有镶嵌在墙上的那些上釉的赤陶和熟黏土制成的彩砖，许多彩砖上还装饰着动物和植物的图案。维多利亚时期，

早在新馆落成前，博物馆里的藏品就已经多得数不胜数。新馆开馆后，工作人员花了两年时间才将所有藏品从大英博物馆搬完。

30

伦敦污染严重, 空气恶劣。建筑师希望通过使用这些材料和工艺来抵抗环境对建筑物的不良影响。

在博物馆主入口处的两侧立着一对双子塔。这两座塔楼的地基部分是方形的, 但最上层呈八角形。除此之外, 沃特豪斯还为博物馆设计了一个形似大教堂

的主厅。主厅内有结实的楼梯, 以及用钢筋和玻璃搭建的恢宏的穹顶, 并陈列着大量完整的恐龙化石骨架。这些恐龙化石标本在维多利亚时期便深受参观者喜爱, 直至今天依然如此。

理查德·欧文爵士

英国古生物学家兼化石勘探家理查德·欧文爵士是自然历史博物馆早期历史上的重要人物之一。他正式提出了"恐龙"一词。

查尔斯·达尔文

博物馆最新的扩建工程是达尔文中心, 它的形状酷似蚕茧, 里面收藏了无数的标本, 包括一条身长接近九米的巨型乌贼阿奇。

白金汉府

对于今天的人们来说，可能很难想象白金汉宫这座全世界最有名的宫殿之一，曾经只是伦敦郊区的一个大庄园。这个庄园最早归约翰·谢菲尔德所有，后来他成为白金汉公爵，这座建筑也因此得名"白金汉府"。经过三百多年的不断建设，整个庄园早已今非昔比。

夏洛特王后

国王乔治三世

1761年，英王乔治三世为他的妻子夏洛特王后买下了白金汉府，当时称它为女王宫，这里让他们的15个孩子远离城市的拥挤和喧嚣，拥有了一处清静的休憩之地。

随着人口日益增多，首都伦敦不断扩展，新的建筑如雨后春笋般出现在这座宁静的宫殿四周。尽管如此，王室仍然决定保留这处住所。于是，就像伦敦城一样，白金汉府也开始了扩建的步伐。

皇家法院

皇家法院，俗称法院大楼，也是一座维多利亚式风格的雄伟建筑。当年为了建造它，摧毁了许多街道和庭院、450多间店铺和大量的贫民窟。从地图上看，这次拆迁总共在伦敦市中心清理出 24 000 多平方米土地，有4125人因此被迫迁移。

经过长达11年的建设，一座气势恢宏的新建筑拔地而起。除24处新庭院外，整栋建筑还有1000多个房间和超过4800米长的走廊。它的外墙很有名，由白亮的石块砌成。此外，整个建造过程还耗费了约3500万块砖。

设计这座大楼的建筑师是乔治·埃德蒙·斯特里特，他设计的具有代表性的维多利亚式哥特风格在19世纪深受欢迎。大楼内部共有60间独立法庭，最古老的房间分布在一个中央大厅的四周。这个中央大厅的

乔治·埃德蒙·斯特里特

法院的墙面除雕刻有法官和律师的肖像外，还有许多先贤圣人的雕像，例如《圣经》中的先知摩西、所罗门，以及盎格鲁-撒克逊人的国王——阿尔弗雷德大帝。

这栋大楼由于面积实在太大，以至于曾经有人搬到地下室住了一段时间都没被察觉。

皇家法院

维多利亚女王

面积非常大，举办宴会时可以容纳 600 多人同时就餐。

　　高高的石拱门、大理石铺就的拼花地板、美丽的彩色玻璃窗以及绚丽的盾徽……这一切都使皇家法院成为伦敦近 2000 年历史上造价最高的建筑之一。

彩色玻璃窗上的盾徽是历任大法官和掌玺大臣们的盾徽。

切尔西皇家医院

切尔西皇家医院由国王查理二世创建，主要用来收容退伍老兵，是伦敦切尔西养老金领取者的家。这座通体用红砖砌成的优美建筑由建筑师克里斯托弗·雷恩爵士设计，这也是他整个职业生涯中建造的最大的非宗教建筑之一。

尽管医院的建设工作一直持续到1692年才全部结束，但第一批退伍士兵早在楼体竣工前三年便已入住。当时，大楼两翼均建有长长的联排宿舍，每名退伍士兵分配到一间小小的房屋。在位于中央的主楼内，雷恩建造了一个镶嵌装饰板的餐厅，还盖了一座漂亮的小教堂。从教堂向外望出去，可以看到一片延伸到河岸边的宽阔草坪，而查理二世的雕像就静静地矗立在主庭院的正中央。

虽然名字中带有"医院"二字，但实际上它是一座养老院。尽管住户们早已退伍，可他们仍然得听从部队指

在一年一度的复辟纪念日当天，领取养老金的老兵们会用游行的方式来纪念查理二世的诞辰。游行结束后，他们通常还会受到一位皇室成员的接见。

挥官的调遣，并身穿制服。老兵们的制服是一款齐膝长的绯红色外套，头戴旧式三角帽，衣服风格鲜明，极易辨认。

继雷恩之后，还有多位知名建筑师先后参与了这栋建筑的扩建和改造工作。19世纪初，由设计过英格兰银行的建筑师约翰·索恩爵士设计的马厩建造完工。而昆兰·特里为士兵们设计的医疗中心也在近些年落成。

切尔西养老金领取者必须年满65周岁，曾在部队中服过役，还必须具备良好的品格，而且家中无人照管。

切尔西皇家医院起初只收留男兵，这样一直持续了300多年，直到2009年才开始接收女兵。

皇家马厩

早在 19 世纪，为了给建在特拉法加广场上的国家美术馆腾地方，国王的马厩被拆除了。而乔治四世也早早将他的马匹和典礼用马车转移到了新建的白金汉宫背后的一处场所。

这里原先已有一所开办多年的马术学校——皇家马术学校，它是由威廉·钱伯斯爵士在 1760 年设计。但是它比较小，无法容纳国王的所有御马。于是，正在负责改建白金汉府的建筑师约翰·纳什被找来扩建新的皇家马厩。

自 1824 年起，纳什就在马术学校四周搭建了许多马棚。穿过钟楼下的一扇古典风格的圆形拱门，就进入主庭院了。

主庭院的一侧建有马车房，可供马车夫吃饭和睡觉；

女王拥有 70 多架不同类型的马车，其中包括 1762 年为乔治三世打造的黄金马车。这架马车总重超过 4 吨，需要 8 匹马才能拉动它。

威廉·钱伯斯爵士

在皇家马厩展出的最新一架豪华马车是钻禧庆典马车。这是过去 100 多年间为皇室打造的第二架马车。

另一侧，纳什盖了很多足以容纳国王50多匹马的马棚；同时还留有存放马粮、马具和皇家马车夫制服的地方。

为了容纳维多利亚女王的近200匹御马，皇家马厩进一步扩建，新添了一间煅造房和一所学校。煅造房是给皇家蹄铁匠用的，他们的主要工作是为皇室的马制作并钉上马蹄铁；而学校则是专门为蹄铁匠及其他仆人的子女开办的。

在今天看来，这些建筑也许已经十分古老，但是它除了安置现任女王的30匹骏马外，还承担着收藏和保管王室所有汽车的新功能。

约翰·纳什

维多利亚女王

国王乔治四世

女王伊丽莎白二世四岁的时候，便在皇家马厩学会了骑马。当时，她用来学习骑术的马驹是一匹设得兰矮种马，叫作佩吉，是她的祖父乔治五世送给她的。女王将她的祖父亲切地称为"英格兰爷爷"。

43

皇家格林尼治天文台

17世纪的科学家们对浩瀚的宇宙充满着极大的兴趣。1675年，约翰·弗拉姆斯蒂德被国王查理二世任命为英国历史上首位皇家天文学家。

与此同时，一个全新的皇家天文台建造计划也在筹备之中，地点就选在泰晤士河畔的皇家格林尼治花园里。国王为这项工程提供了500英镑经费，并允许使用埃塞克斯郡蒂尔伯里港的一座旧堡垒的闲置砖块来建造这座天文台。

克里斯托弗·雷恩爵士为这座"天文观测者之家"设计了一栋大楼。主室呈八角形，屋顶很高，可用来放置天文望远镜和能够保证观测精确度的长摆钟。不过，令人吃惊的是，身为皇家天文学家的弗拉姆斯蒂德，却不得不自己掏钱购买所需要的仪器设备。他在这台设备上进行了三万多次观测，并利用收集到的测量数据绘制出了星图。遗憾的是，这份星图在他去世后才发表。

1833年，天文台的一座小塔楼顶部安装了一个叫"报时球"的计时装置。每天下午一点，报时球都会准时顺着杆子降下来，帮助即将远航的船长们校正钟表的时间。直到今天，报时球还高高地挂在塔楼上。

在雷恩所在的时代，格林尼治天文台所在地还是乡村。到了维多利亚时期，伦敦不断扩建，空气污染日趋严重。20世纪40年代，天文台不得不搬到其他地方。

雷恩是设计建造皇家天文台项目的不二人选。因为他不仅设计了圣保罗大教堂等许多知名建筑，而且本人还是牛津大学的一名天文学教授。

44

克里斯托弗·雷恩爵士

在格林尼治天文台完成的所有研究都具有非常重要的意义。因为对于早期的探险家和航海家们来说，掌握恒星的知识和精确的计时方法都是十分必要的。

天文台外的地面上嵌着一条铜线，它就是本初子午线，也叫格林尼治子午线。1884年，人们以本初子午线为基准，划分了世界标准时区。1957年天文台迁移台址前，如果一个人站在这条铜线的两侧，那么他的一只脚就在地球的东半球，另一只脚则在西半球。

约翰·弗拉姆斯蒂德

萨默赛特宫

萨默赛特宫围绕着一个广阔的中央庭院而建，其名字来源于萨默赛特公爵。萨默赛特家族是英国最有权势的贵族之一。在中世纪和都铎王朝时期，包括他们在内的贵族们拥有着众多河畔豪宅，这些豪宅占据了泰晤士河沿岸的一大片区域。

1552 年，第一任萨默赛特公爵被判叛国罪，上了断头台。他的府邸萨默赛特宫被国王爱德华六世收为己有，并在此后的约 200 年间一直供王室居住。1775 年，由于王室不再需要这处住所，便将它全部拆除。后来，政府请威廉·钱伯斯爵士在旧址上建造了新萨默赛特宫，萨默赛特宫由此成为伦敦历史上的第一栋办公大楼。

萨默赛特宫前方的庭院已经成为伦敦当下最受欢迎的露天文化娱乐场所之一。人们会在这里放映电影，举办音乐会。每年的冬季，中庭的喷泉就会停喷，摇身一变成为大型溜冰场。

这座新建的萨默赛特宫气势恢宏，两翼的庞大楼群采用新古典主义设计风格，整个建筑看上去就像是乔治亚风格的联排别墅。在萨默赛特宫的中央庭院里矗立着一尊乔治三世的雕像，大楼的装饰石雕都是当时顶尖的艺术家们雕刻的。

由于场地开阔空间充足，不少艺术和科研机构先后入驻萨默赛特宫，其中就包括皇家艺术学院和英国皇家学会。海军委员会和海军部曾占据这栋建筑一个半翼楼的区域，他们可以从这里直接进入泰晤士河。而剩下的空间也被政府的其他部门填满了，直21世纪初期才陆续搬出。

今天，萨默赛特宫已经成为一处重要的艺术中心，里面还有考陶尔德艺术学院和好几家画廊，以及一座博物馆。

19世纪60年代，在维多利亚堤岸建好之前，人们还可以乘船来萨默赛特宫。今天，这座宫殿的地下室里还展示着一艘属于海军舰队高级指挥官的黄金驳船。

圣潘克拉斯国际火车站

圣潘克拉斯国际火车站是维多利亚时代铁路系统最具纪念意义的标志性建筑之一。这座用石砖、玻璃和钢铁建造的工业奇迹至今仍在使用。欧洲之星高速列车就从这里经过，穿过英吉利海峡隧道，开往法国巴黎。

火车站的顶棚由威廉·巴洛和罗兰·梅森奥迪什合作设计，弧长约 213 米。为了给月台留出足够的空间，顶棚的拱顶宽达 73 米。但是，由于下方始终有火车通行，所以根本没有地方立柱子来支撑如此巨大的顶棚。

由于临近摄政运河，火车站主顶棚区的月台必须比周围道路高出 6 米。巴洛巧妙地用多出来的空间存放从米德兰兹运来的啤酒桶。

48

巴洛的解决方案是使用多条巨型金属"拱肋"来支撑整个顶棚。令人难以置信的是，每个支架都重达55吨。在1867年完工后，圣潘克拉斯国际火车站的顶棚成为当时世界上面积最大的单体建筑。

在火车站的正前方还建有米德兰大酒店，这座豪华酒店由乔治·吉尔伯特·斯科特爵士设计。这是一栋

富有时尚气息的意大利式哥特建筑。斯科特原本计划为政府建造一座与火车站风格相似的建筑，但有人认为他的这种建筑风格对于一家铁路酒店来说太过奢华了。这家酒店的确令人叹为观止：墙上装饰着金色的叶子，楼内安装有液压升降电梯，并且每一个房间都配备了壁炉。

在20世纪60年代，火车站和酒店差点被政府拆除。幸运的是，诗人约翰·贝杰曼领导的抗议活动取得了胜利，最终使政府做出让步，挽救了伦敦现存的最伟大的维多利亚时代建筑。

斯科特的儿子和孙子也都是非常成功的建筑师。他的孙子贾尔斯·吉尔伯特·斯科特可能是三人之中最出名的，伦敦街头标志性的红色电话亭就是他设计的。

圣保罗大教堂

虽然今天的圣保罗大教堂看上去已经非常雄伟了，可是，说出来可能会吓你一跳：重建之前的大教堂比现在更加高大。

今天人们口中所说的"旧圣保罗大教堂"在 1666 年的伦敦大火中就被摧毁了。火灾发生的近 600 年前，诺曼人在卢德门山顶上建造了旧圣保罗大教堂，而它也曾是当时城市的制高点，被城墙包围着。

虽然毁于大火中的原教堂并非不可修复，但是国王还是决定重建一所教堂。当时，这场大火还烧毁了伦敦另外一些略小的教堂，而克里斯托弗·雷恩爵士正在没日没夜地忙着改建其中的 50 多座。尽管如此，重建圣保罗大教堂的任务还是被委派给了他。

在动工前，雷恩制作了一个等比例缩小的建筑模型来呈现他的设计规划。这个长达 6 米的模型至今仍在，它是用橡木制成的，而且足够高，人在里面通行完全没有问题。

重建这座全新的大教堂耗时长达 35 年，而且造价高昂。当时，政府还新征了一项煤炭税来应对这笔巨额开支。

雷恩为新教堂选用了巴洛克建筑风格，并且设计了一个圆顶来取代旧塔楼及尖顶。这是一个非常巧妙的双圆顶设计。我们可以从教堂里面直接看到一个圆顶，而另一个则盖在了这个圆顶的正上方，只能从教堂外面看到。站在楼顶，人们还能发现雷恩的另一个精巧构思——他借助了许多的假外墙来遮蔽用于支撑整个建筑的巨大的飞扶壁。

克里斯托弗·雷恩爵士

在教堂即将完工的时候，雷恩年事已高，只能通过吊篮登上楼顶。雷恩去世于 1723 年，终年 91 岁，他是第一批被埋葬在圣保罗大教堂墓室里的人之一。

大教堂的修建曾被迫停工过一段时间，原因是多赛特郡发生了一场地震，施工所需的白色波特兰石被迫中断供应了。

51

泰特不列颠美术馆

在决定将大部分英国画家的作品从位于特拉法加广场的国家美术馆搬出后，政府便在皮姆利科的泰晤士河畔为它们建了一个新家——泰特不列颠美术馆。

这栋建筑是由亨利·泰特爵士出资建造的，他通过制糖和售糖业赚了很多钱。同时他还将自己收藏的67幅画和3件价值连城的雕塑作品全部捐献给了这座新建的美术馆。

新美术馆的首位建筑师是悉尼·史密斯。新馆兴建在米尔班克监狱的旧址上。1890年，这座监狱关闭后，史密斯便着手开展这项工程了。没过多久，其他有钱人

悉尼·史密斯

英国艺术500年

亨利·泰特

雷克斯·惠斯勒

泰特不列颠美术馆是英国第一家拥有自营餐厅的公共美术馆。这家餐厅四周的墙面布满了由雷克斯·惠斯勒创作的多彩壁画。

也纷纷效仿泰特，向这座新美术馆捐献资金和画作。随着藏品不断增多，美术馆大楼不得不一再扩建。在这之后的一百多年里，有不少建筑师都参与了这座大楼的改造与扩建工作。

泰特不列颠美术馆最近一次扩建的项目是后现代主义风格的翼楼，这栋楼由詹姆斯·斯特林设计，色彩鲜明的设计和原建筑维多利亚式与爱德华式的老派建筑风格形成了强烈的对比。增建的翼楼被命名为"克罗尔画廊"，里面陈列着 J.M.W. 透纳的作品，他是英国美术史上最重要的画家之一。

美术馆的地板大都做过特殊加固处理，可以承受青铜和大理石雕像的重量。

詹姆斯·斯特林

英国艺术 500年

美术馆的藏画在二战期间进行转移时，其中一幅由于尺寸过大而无法运输。于是，当时的人们就在这幅画四周砌上了砖墙把它保护起来，以防被敌军炸毁。

大卫·霍克尼

J.M.W. 透纳

伦敦塔桥

伦敦塔桥在 1894 年建成后，很快便举世闻名。这座塔桥也是在伦敦桥下游建造的第一座桥。

霍勒斯·琼斯为塔桥设计了一套独特的升降装置，从而使大型船只能从桥下穿过。实现这一点所运用的工程技术在当年是十分领先的，而这与整个桥身华丽的哥特式建筑风格也形成了鲜明的对照。采用哥特式建筑风格是为了与邻近的伦敦塔的建筑风格保持一致。琼斯建造这座塔桥前后一共耗时 8 年，总共消耗了 1.1 万吨钢材和 3100 万块砖石，并使用了 200 万颗铆钉来固定所有的金属结构。同时，还用 2.2 万升的涂料将桥身全部刷成了褐色，现在桥身的红、白、蓝三色是在 1977 年为庆祝女王伊丽莎白二世的银禧庆典重新喷刷的。

1968 年，一名英国皇家空军的年轻飞行员因驾驶一架霍克猎人战斗机低空飞过议会大厦和伦敦塔桥的双塔之间而被捕。

伦敦塔桥分上下两层。下层桥面最初是依靠蒸汽动力来控制桥面升降的，在大约40年前，塔桥的起降改为由电力控制。下层的两扇组成"开合悬索桥"的桥面分别重达上千吨，每升起一次仅需要5分钟。要知道，塔桥一周得开合20次左右呢！

上层桥面供行人通行。这样，当下层桥面升起时，行人依然可以过河。如今，塔桥还新建了一段钢化玻璃走廊，游客们可以站在上面尽情俯瞰来往船只。

通常，下层桥面只会升高到足以让船只安全通行的高度。但如果女王坐船过桥的话，情况就不同了。两半桥面都会升到最高处，向女王致敬。

1952年，一辆载满乘客的78路巴士在下层桥面上行驶时桥面突然意外张开，司机被迫开车从张开的桥段上"飞"过，好在车辆最终平安落到另一半桥面上。

根据交通规则，船只的通行优先级要高于汽车。一次，美国总统来访，恰好赶上下层桥面开启，导致总统专车也不得不在桥前停下等候。

55

伦敦塔

伦敦塔,这座非凡的城堡,在近千年的时间里始终高高耸立在伦敦。它是 1066 年"征服者"威廉入侵英国后,为展示自身实力和身份而建造的。

这座城堡中最古老的建筑是位于要塞中心的塔楼,也称为白塔。白塔始建于 1078 年,后来为了让它看起来显得更高大、更引人注目,它的墙体被涂白,这也是它被称作"白塔"的原因。伦敦塔的基本设计和 13 世纪时几乎一样,不过现在整个城堡加起来有多达 22 座各不相同的塔楼。

一直以来,伦敦塔除了承担着军事职能外,还承担着许多不同的职责,尽管它仍然是王室的宫殿,但有些地方曾被用作监狱、天文台、铸币厂、珍宝屋,甚至是动物园!

晚上,伦敦塔的城门会被关闭,举行锁门仪式。这也是世界上现存最古老的军事仪式之一,自 14 世纪起每天晚上都会举行,只在 1940 年伦敦塔遭遇空袭时,仪式被迫中止过一次。

白塔里最小的一处地牢叫"不得安宁"。牢房小得可怜,囚犯在里面不能舒服地站立或安坐,更不用说躺卧了。

据说,伦敦塔保管着价值近 200 亿英镑的王室珍宝。在一次意外中,这些珍宝不幸被盗,盗窃者是一个爱尔兰人,名叫科洛内尔·布拉德。不过,宝贝很快就被找到了,而且出人意料的是,国王查理二世竟然赦免了布拉德。没人知道这究竟是为什么。

叛徒之门入口

56

盖伊·福克斯

皇家动物园曾经就坐落在伦敦塔内，直到维多利亚时期才迁出。当时，动物园展出过很多动物，如狮子、大象、北极熊等。北极熊还被一条长长的锁链拴着，这样饲养员就可以放心地让它游到泰晤士河里捕鱼吃了。这些动物大部分都是其他国家送来的礼物。

在漫长的历史过程中，伦敦塔曾关押过许多囚犯，其中包括女王伊丽莎白一世、阿道夫·希特勒的副手鲁道夫·赫斯和盖伊·福克斯。

维多利亚与艾伯特博物馆

维多利亚与艾伯特博物馆最初是用瓦楞铁和玻璃建造的，外观非常难看。因坐落于布朗普顿，于是，人们给它取了一个绰号"布朗普顿的锅炉"。

1890 年，政府决定重建这座博物馆，并为征集最佳设计方案而开展了一项设计竞赛，许多顶尖的建筑师都参与了这次比赛，最终阿斯顿·韦伯爵士胜出。他为博物馆设计的庄严宏伟的大楼外立面和高耸入云的塔楼寓意着大英帝国国土无疆、富有四海、繁荣昌盛。

这个项目在维多利亚女王还在位时便启动了，但由于建设时间很长，等到 1909 年博物馆重新开馆时，在位者已经变成了她的儿子——国王爱德华七世了。

新的博物馆在建造过程中使用了很多种材料，比如红砖、知名艺术家的马赛克装饰肖像，以及一种叫作赤陶土的耐火黏土。推开博物馆的青铜大门，你可以看到海量的家具、挂毯以及来自世界各地的奇珍异宝。

博物馆的塔顶是一尊叫作名望的雕像，但由于某些原因，雕像的鼻子不见了。

20 世纪 80 年代，博物馆遭遇了一场水灾，成千上万本书被浸泡，后来它们被放到哈罗德百货公司的冰柜中等待修复。

维多利亚女王与艾伯特亲王

如今，博物馆的规模已十分庞大，光在外面走上一圈就超过 500 米了。博物馆的展品更是包罗万象，既有古老的地毯，也有图拉真圆柱的一比一仿制品。这个圆柱仿制的是古罗马纪念柱，由于它实在太高，只好被分为两半展示。参观者们还能在这里看到全世界第一张圣诞贺卡，它是博物馆的首位负责人亨利·科尔爵士印发的。

阿斯顿·韦伯爵士

一战期间，为了方便来自法国和比利时的避难者了解博物馆，博物馆专门印制了法文版的导览手册。

亨利·科尔爵士

在创办初期，博物馆并没有雇佣任何导游。而是由士兵和警员引导参观者浏览各处展馆。

威斯敏斯特教堂

今天我们所看到的是一座献给圣彼得的教堂，它于13世纪中叶落成。这是一个充满了故事的地方——古罗马遗迹在这里被发现，"征服者"威廉于1066年圣诞节在这里加冕为王……据说它的第一任建造者很可能是来自法国兰斯的建筑师亨利，在他之后，教堂又经历过许多次扩建。

在威斯敏斯特教堂，无论是31米高的中殿，还是尼古拉斯·霍克斯莫尔在18世纪新添的高塔，都令人叹为观止。从英王"征服者"威廉起，这里几乎是每一任国王加冕以及王室成员举办婚礼和葬礼的地方。

教堂内部的亨利七世礼拜堂是垂直哥特式建筑风格的杰出典范。礼拜堂内的扇形拱顶和大面积的玻璃窗代表了16世纪建筑工艺的两大杰出成就。

威斯敏斯特教堂里安放着3000多块墓碑，分属于历代国王、王后以及大英帝国的其他重要人物。不过，其中最不寻常的是一块无名烈士的墓碑，墓穴里埋葬的是一名在一战中牺牲的普通士兵。虽然没有人知道他是谁，但是他却代表了人们在那场战争中失去的每一个父亲、每一个儿子、每一个兄弟。

"征服者"威廉

ALFRED, LORD TENNYSON
阿尔弗雷德·丁尼生勋爵

CHARLES DICKENS
查尔斯·狄更斯

RUDYARD KIPLING
拉迪亚德·吉卜林

BEN JONSON
本·琼森

LAURENCE OLIVIER
劳伦斯·奥利弗

SIR ISAAC NEWTON
艾萨克·牛顿爵士

GEOFFREY CHAUCER
杰弗里·乔叟

祭坛前的地面铺设的是科斯马蒂地砖，是用从意大利运送来的无数块马赛克镶嵌而成的。据中世纪的某个说法称，这个拼贴图案能用来推算世界末日。

建造圣保罗大教堂的一部分经费出自威斯敏斯特教堂。没准儿这就是谚语"拆东墙补西墙"的由来。

依据传统，知名作家和艺术家通常会被埋葬在这里的"诗人角"。因为墓地实在太小，逝世于 1637 年的本·琼森只能立着入葬。

教堂内最奇怪的雕塑可能是圣女威尔吉弗蒂斯的雕像了。传说，她为了不被抓去结婚，脸上长出了胡子。

QUEEN
ELIZABETH I
伊丽莎白一世

HENRY
PURCELL
亨利·珀塞尔

MARY,
QUEEN OF
SCOTS
苏格兰玛丽女王

CHARLES
DARWIN
查尔斯·达尔文

THOMAS
HARDY
托马斯·哈代

THE
UNKNOWN
WARRIOR
无名烈士

今日伦敦

伦敦的发展从未停歇。为了满足随人口日益增多而产生的新需求，人们不断推翻老旧的建筑，重新盖起一栋又一栋令人震撼的摩天大楼，而伦敦的城市天际线也因此日新月异。

得益于先进的工程技术在建筑领域的广泛运用，人们也能够建造出比以往任何时候都高的大楼。许多建筑还因为外形独特而被人们冠上了诸如"小黄瓜""奶酪刨""对讲机"这样有趣的绰号。甚至，有些建筑在尚未落成之前就已名扬四方了。

登上伦敦的任何一栋摩天大楼，都会令你心潮澎湃、激动不已。在晴朗的日子，站在楼顶，你不仅能饱览数千米之内的景色，就连伦敦城外的乡野风光也能尽收眼底。

国王十字街区

英国电信塔

纳尔逊纪念柱

北岸

威斯敏斯特教堂

南

百老汇街55号是伦敦的第一栋摩天大楼，它其实只有15层。1929年竣工后，消防大队曾一度禁止人们入住高楼层，因为一旦发生火灾，他们的梯子可没法儿升到那么高！

百老汇街55号

牛津塔

皇家艾伯特音乐厅

切尔西

伦敦眼

南兰贝斯

巴特西发电站

克拉珀姆

克勒肯维尔

"奶酪刨"摩天楼

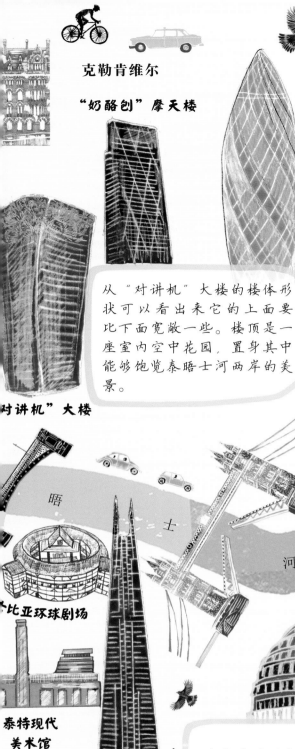

"小黄瓜"大楼看上去就像一根巨型的腌黄瓜或一枚火箭，它也是伦敦少有的几座螺旋式建筑之一。

陶尔哈姆莱茨

"小黄瓜"大楼

从"对讲机"大楼的楼体形状可以看出来它的上面要比下面宽敞一些。楼顶是一座室内空中花园，置身其中能够饱览泰晤士河两岸的美景。

"对讲机"大楼

斯特拉特福

伦敦东部的赛车场，伦敦奥运会期间曾使用过它的室内自行车道。因楼体的流线型结构设计，它也被戏称为"品客薯片"。

金丝雀
码头

千禧巨蛋

坐落于格林尼治的O2体育馆曾因"千禧巨蛋"的美名而广为人知。馆内非常非常大，甚至能够轻松装下纽约自由女神像。

比亚环球剧场

狗岛

晤

士

河

泰特现代
美术馆

萨瑟克

伦敦市政厅大楼看上去有点儿像防撞头盔。它没有所谓的正面或背面，这个形状的设计初衷是节能环保。和方形的建筑相比，这样的设计会让我们感受到冬暖夏凉。

"卡萨迪克号"
帆船

格林尼治区

碎片大厦高约309米，至今仍是英国第一高楼。在一个晴朗明媚的天气里登上这里的72层，能够眺望到60千米以外的地方。

佩克姆

伦敦交通攻略

欣赏伦敦建筑的最佳方式当然是步行。不过,伦敦是一座很大的城市,所以光靠走路是不行的!

伦敦在 19 世纪就建造了地铁,是世界上最早通地铁的城市。在 150 多年后的今天,每年搭乘伦敦地铁出行的人次仍然高达 13 亿。伦敦的地下铁路系统的轨道长达 418 千米,拥有近 300 个地铁站和 400 多座自动扶梯。此外,它还有近 40 个废弃的 "幽灵地铁站"。当你坐在一列飞驰的地铁上时,有时瞥一眼窗外,就能看到这些车站的影子。

伦敦还以 "黑色出租车" 闻名于世。出租车司机在上岗前必须要参加一门叫 "伦敦知识" 的考试。要想通过这门考试,司机们必须熟记这座城市中 25 000 多条街道的名字和超过 320 条的驾车路线。

在伦敦旅行,千万不能错过著名的红色双层巴士!坐在双层巴士的上层,你可以领略到不一样的城市风景。最早的双层巴士是用马拉的,由马车夫驾驶;如今,大部分巴士都由司机驾驶,在少数区域也有小型的无人驾驶电动巴士运行。

想要在伦敦拥挤的街道里游览伦敦的建筑,不妨选择骑自行车哟!这也是越来越受人们喜爱的一种出行方式。交织的自行车道遍布伦敦全城,而且仍在不断增多。你只需要用很低的价格租上一辆,或直接骑上你自己的自行车就可以自由自在地穿梭在伦敦的大街小巷了。

观看城市建筑景观的另一个绝佳方式便是乘坐泰晤士河上的水上巴士。现在,许多伦敦人每天都在用这种交通方式通勤。坐在水上巴士里,伴随着耳畔吹过的阵阵河风,你不仅能够体验穿行于伦敦塔桥下的快感,还能够尽情地欣赏沿岸的经典建筑:议会大厦、圆顶的圣保罗大教堂……

右图英文如下:

- Bus 巴士
- Black cab 黑色出租车
- Bicycle 自行车
- City Road 伦敦大道
- Cycle Hire 自行车租赁
- Cable Car 缆车
- Down Street 唐恩街
- Docklands Light Railway/DLR 码头区轻轨
- EVENING STANDARD《伦敦标准晚报》
- Lily Road 百合路
- London Underground 伦敦地铁
- Marlborough Road 马尔伯勒路
- Mind the gap! 小心站台间隙!
- National Rail 英国国铁
- Oyster Card 牡蛎(交通)卡
- River Bus 水上巴士
- TELEPHONE 公用电话
- Travel Card 旅行卡
- Thames Clipper 泰晤士游船
- TFL 伦敦交通局
- Taxi 出租车
- Tube 地铁
- Tram 有轨电车
- Walk 步行

London Underground
Oyster Card Bicycle Docklands Light Railway
Cable Car Bus Mind the gap!
DLR Black Cab Walk Travelcard
River Bus TFL Cycle Hire
Tube Thames Clipper
Tram Taxi National Rail

65

图书在版编目（CIP）数据

这就是伦敦 / (英) 戴维·朗著; (英) 乔茜·谢诺
伊绘; 华春沁译 . -- 北京 : 中信出版社 , 2021.6
（从小看世界）
书名原文 : National Archives the Buildings That
Made London
ISBN 978-7-5217-2534-6

Ⅰ . ①这… Ⅱ . ①戴… ②乔… ③华… Ⅲ . ①建筑史
– 伦敦 – 少年读物 Ⅳ . ① TU-095.61

中国版本图书馆 CIP 数据核字 (2021) 第 030768 号

这就是伦敦
（从小看世界）

著　者：[英] 戴维·朗
绘　者：[英] 乔茜·谢诺伊
译　者：华春沁
出版发行：中信出版集团股份有限公司
　　　　　（北京市朝阳区惠新东街甲 4 号富盛大厦 2 座　邮编 100029）
承 印 者：北京九天鸿程印刷有限责任公司

开　本：787mm×1092mm　1/8　　印　张：8.25　　字　数：140 千字
版　次：2021 年 6 月第 1 版　　印　次：2021 年 6 月第 1 次印刷
京权图字：01-2019-4074
书　号：ISBN 978-7-5217-2534-6
定　价：98.00 元

版权所有·侵权必究
如有印刷、装订问题，本公司负责调换。
服务热线：400-600-8099
网上订购：zxcbs.tmall.com
投稿邮箱：author@citicpub.com